Durim Alija
Eljesa Ziberi
Xhezair Idrizi

Controlo da vitamina C (ácido ascórbico) em bebidas não alcoólicas e frescas

Durim Alija
Eljesa Ziberi
Xhezair Idrizi

Controlo da vitamina C (ácido ascórbico) em bebidas não alcoólicas e frescas

ScienciaScripts

Imprint
Any brand names and product names mentioned in this book are subject to trademark, brand or patent protection and are trademarks or registered trademarks of their respective holders. The use of brand names, product names, common names, trade names, product descriptions etc. even without a particular marking in this work is in no way to be construed to mean that such names may be regarded as unrestricted in respect of trademark and brand protection legislation and could thus be used by anyone.

Cover image: www.ingimage.com

This book is a translation from the original published under ISBN 978-620-2-19756-4.

Publisher:
Sciencia Scripts
is a trademark of
Dodo Books Indian Ocean Ltd. and OmniScriptum S.R.L publishing group

120 High Road, East Finchley, London, N2 9ED, United Kingdom
Str. Armeneasca 28/1, office 1, Chisinau MD-2012, Republic of Moldova, Europe
Printed at: see last page
ISBN: 978-620-8-04493-0

ÍNDICE

Resumo.

Este artigo aborda o método de determinação da vitamina C em bebidas não alcoólicas e frescas, aborda também a sua importância no corpo humano e elabora o consumo problemático de vitamina C na dose diária de pessoas adultas. A falta de vitamina C manifesta-se por: dores e fadiga muscular rápida, aumento das infecções, anemia, osteoporose, hemorragias, etc. De acordo com a quantidade mais elevada de vitamina C em 100 g, existem: pimento 128 mg, 113 mg de couve, 90 mg de kiwi, 59 mg de morangos, 53 mg de limão, 51 mg de espinafres, 38 mg de toranja, 23 mg de tomate. O ácido ascórbico e os seus sais de sódio, potássio e cálcio são amplamente utilizados como aditivo alimentar antioxidante. Os aditivos alimentares relevantes do ácido ascórbico (números E) são E300 - ácido ascórbico, E301 - ascorbato de sódio, E302 - ascorbato de cálcio, E303 - ascorbato de potássio.

Palavras-chave: vitamina C, necessidades diárias, carência de vitamina C, ácido ascórbico, aditivos alimentares, números E

1. INTRODUÇÃO

A vitamina C atrai a atenção da comunidade científica e dos consumidores como um nutriente com uma vasta atividade biológica e importância para a saúde humana. Trata-se de um composto branco, cristalino, inodoro e solúvel em água. As principais fontes de vitamina C são as frutas e os legumes (pimentos verdes e vermelhos, couves, brócolos, espinafres, tomates, batatas, morangos, laranjas, etc.). A vitamina C contribui para a absorção do ferro e para a formação de colagénio. A vitamina C é frequentemente adicionada aos alimentos não só como um nutriente (para compensar as perdas de processamento) e um antioxidante, mas também para evitar o escurecimento de frutas e vegetais frescos e enlatados.

A vitamina C é frequentemente adicionada como fortificante a sumos de fruta, bebidas com sabor a fruta, águas com gás adicionadas a sumos, cocktails ou bebidas secas, produtos à base de cereais e leite. Os princípios gerais para a adição de nutrientes essenciais aos alimentos são dados pela Comissão do Codex Alimentarius. A definição do Codex de fortificação é "a adição de um ou mais nutrientes essenciais a um alimento, quer estejam ou não normalmente contidos no alimento, para prevenir ou corrigir uma deficiência demonstrada de um ou mais nutrientes na população ou em grupos específicos da população"

O ácido ascórbico é reconhecido como um dos nutrientes mais sensíveis ao calor nos alimentos, portanto, é um marcador da perda de outros nutrientes. O objetivo deste artigo é rever os trabalhos sobre a degradação do ácido ascórbico em alimentos fortificados a várias temperaturas de armazenamento. Com o objetivo de comparar os dados publicados e encontrar tendências relevantes, são calculadas as constantes de taxa de degradação.

2. FORMAS DISPONÍVEIS DE VITAMINA C

Pode comprar vitamina C natural ou sintética, também chamada ácido ascórbico, numa variedade de formas. Comprimidos, cápsulas e mastigáveis são provavelmente as formas mais populares, mas a vitamina C também está disponível em pó cristalino, efervescente e líquido. A vitamina C é fornecida em doses que variam entre 25 e 1.000 mg.

A vitamina C "tamponada" também está disponível se achar que o ácido ascórbico normal perturba o seu estômago. Também está disponível uma forma esterificada de vitamina C, que pode ser mais fácil para o estômago das pessoas com tendência para a azia.

2.1 Impacto da cozedura, da armazenagem e da transformação

A mesma coisa que torna a vitamina C tão importante - a sua capacidade de proteger contra os danos dos radicais livres - também a torna muito propensa a danos causados pelo calor, oxigénio e armazenamento ao longo do tempo. De facto, a relativa instabilidade da vitamina C nos alimentos apresenta um argumento convincente a favor de abordagens dietéticas de alimentos frescos, como a que defendemos na World's Healthiest Foods.

O teor de vitamina C dos alimentos começa a diminuir assim que são colhidos, embora este declínio possa ser abrandado e minimizado através do arrefecimento e da conservação dos alimentos na sua forma integral. Mas um vegetal fresco, rico em vitamina C, como os brócolos - se for deixado à temperatura ambiente durante 6 dias - pode perder quase 80% da sua vitamina C. Esta perda potencial de vitamina C é uma das razões pelas quais é tão importante armazenar os brócolos (e todos os outros alimentos ricos em vitamina C) de acordo com os métodos que descrevemos nos nossos perfis alimentares individuais. Todos os nossos perfis alimentares incluem secções sobre Como Selecionar e Armazenar, e para cada alimento fornecemos os tempos e condições exactas de armazenamento que ajudarão a minimizar a perda de nutrientes de cada alimento.

O armazenamento a longo prazo de vegetais pode custar uma quantidade significativa de vitamina C. Mantida congelada durante um ano, a couve pode perder metade da sua vitamina C ou mais. O enlatamento é ainda mais prejudicial, com 85% da vitamina C original perdida durante o mesmo ano.

Embora a cozedura reduza a quantidade de vitamina C na maioria dos alimentos, a quantidade de vitamina C perdida varia muito consoante o método de cozedura. Por exemplo, cozer os brócolos no cesto durante 15 minutos reduz o teor de vitamina C em quase um quarto. Esta é uma das razões pelas quais o nosso método WHO Foods para cozer brócolos a vapor nunca dura mais de 5 minutos!

2.2 Factos e mitos sobre a vitamina C

A vitamina C tem muitos outros benefícios para a saúde, tal como referido no início deste artigo. Muitos de nós assumem que ajudará a curar uma constipação e tosse. Mas os cientistas acreditam que precisam de mais provas para o provar. A vitamina C pode estimular o sistema imunitário e reduzir a frequência da constipação comum, mas ainda não foi provado que ajuda a reduzir ou a prevenir a constipação comum.

A próxima grande questão é: de quanta vitamina C precisa realmente para manter todos os problemas de saúde afastados? Aqui está uma tabela de ingestão dietética recomendada para a vitamina C.

2.3 Doses recomendadas

As recomendações de ingestão de vitamina C e de outros nutrientes são fornecidas nas Dietary Reference Intakes (DRIs) desenvolvidas pelo Food and Nutrition Board (FNB) do Institute of Medicine (IOM) das National Academies (anteriormente National Academy of Sciences).

DRI é o termo geral para um conjunto de valores de referência utilizados para planear e avaliar a ingestão de nutrientes por pessoas saudáveis. Estes valores, que variam consoante a idade e o sexo, incluem:

- Dose Diária Recomendada (DDR): nível médio diário de ingestão suficiente para satisfazer as necessidades de nutrientes de quase todos (97%-98%) os indivíduos saudáveis;
- Dose Adequada (DQA): estabelecida quando as provas são insuficientes para desenvolver uma DDR e é fixada a um nível que se presume garantir a adequação nutricional;
- Dose máxima tolerável (UL): dose diária máxima que não é suscetível de causar efeitos adversos na saúde.

A Tabela 1 lista as actuais DDRs para a vitamina C. As DDRs para a vitamina C baseiam-se nas suas funções fisiológicas e antioxidantes conhecidas nos glóbulos brancos e são muito mais elevadas do que a quantidade necessária para proteção contra a deficiência. Para os bebés desde o nascimento até aos 12 meses, a FNB estabeleceu uma IA (ingestão adequada) para a vitamina C que é equivalente à ingestão média de vitamina C em bebés saudáveis, amamentados. é equivalente à ingestão média de vitamina C em bebés saudáveis, amamentados.

Tabela 1: Dose Diária Recomendada (DDR) de Vitamina C			
IDADE	***MACHO***	***FEMININO***	***GRAVIDEZ***
0-6 meses	40 mg	40 mg	
7-12 meses	50 mg	50 mg	
1 -3 anos	15 mg	15 mg	
4-8 anos	25 mg	25 mg	

9-13 anos	45 mg	45 mg	
14-18 anos	75 mg	65 mg	80 mg
Mais de 19 anos	90 mg	75 mg	85 mg
FUMADORES	*Os indivíduos que fumam necessitam de mais 35 mg/dia de vitamina C do que os não fumadores.*		

3. FONTES DE VITAMINA C

As frutas e os vegetais são as melhores fontes de vitamina C (ver Quadro 2). Os citrinos, os tomates e o sumo de tomate, e as batatas são os principais contribuintes de vitamina C para a dieta americana. Outras boas fontes alimentares incluem pimentos vermelhos e verdes, kiwis, brócolos, morangos, couves-de-bruxelas e meloa (ver Quadro 2). Embora a vitamina C não esteja naturalmente presente nos cereais, é adicionada a alguns cereais de pequeno-almoço fortificados. O teor de vitamina C dos alimentos pode ser reduzido pelo armazenamento prolongado e pela cozedura, porque o ácido ascórbico é solúvel em água e é destruído pelo calor. Cozinhar a vapor ou no micro-ondas pode diminuir as perdas durante a cozedura. Felizmente, muitas das melhores fontes alimentares de vitamina C, como as frutas e os legumes, são geralmente consumidas cruas. O consumo de cinco porções variadas de frutas e legumes por dia pode fornecer mais de 200 mg de vitamina C.

Quadro 2: Fontes alimentares selecionadas de vitamina C		
Frutas, legumes e bebidas	***Mg/serviço***	***Percentagem (%) DV****
Pimento vermelho	95	158
Sumo de laranja, chávena	93	155
Laranja, 1 média	70	117
Sumo de toranja, chávena	70	117
Pimento verde	60	100
Brócolos	51	85
Morangos, frescos	49	82

Sumo de tomate	33	55
Espinafres cozidos	9	15

***VD = Valor Diário**. Os VDs foram desenvolvidos pela U.S. Food and Drug Administration (FDA) para ajudar os consumidores a comparar os teores de nutrientes dos produtos no contexto de uma dieta total. O VD da vitamina C é de 60 mg para adultos e crianças com 4 anos ou mais. A FDA exige que todos os rótulos dos alimentos indiquem a percentagem do VD para a vitamina C. Os alimentos que fornecem 20% ou mais do VD são fontes elevadas de um nutriente.

3.1 Consumo e estado da vitamina C

De acordo com o National Health and Nutrition Examination Survey (NHANES) de 2001-2002, os consumos médios de vitamina C são de 105,2 mg/dia para os homens adultos e de 83,6 mg/dia para as mulheres adultas, cumprindo a DDR atualmente estabelecida para a maioria dos adultos não fumadores. Os consumos médios para crianças e adolescentes com idades compreendidas entre 1 e 18 anos variam entre 75,6 mg/dia e 100 mg/dia, cumprindo também a DDR para estes grupos etários. Embora a análise do NHANES de 2001-2002 não tenha incluído dados relativos a bebés e crianças de tenra idade amamentados, o leite materno é considerado uma fonte adequada de vitamina C. A utilização de suplementos que contêm vitamina C é também relativamente comum, aumentando a ingestão total de vitamina C proveniente de alimentos e bebidas. Os dados do NHANES de 1999-2000 indicam que aproximadamente 35% dos adultos tomam suplementos multivitamínicos (que normalmente contêm vitamina C) e 12% tomam um suplemento separado de vitamina C. De acordo com os dados do NHANES de 1999-2002, cerca de 29% das crianças tomam algum tipo de suplemento alimentar que contém vitamina C.

O estado da vitamina C é normalmente avaliado através da medição dos níveis de vitamina C no plasma. Outras medidas, como a concentração de vitamina C nos leucócitos, poderiam ser indicadores mais precisos dos níveis de vitamina C nos tecidos, mas são mais difíceis de avaliar e os resultados nem sempre são fiáveis.

3.2 Grupos em risco de insuficiência de vitamina C

A insuficiência de vitamina C pode ocorrer com doses inferiores à DDR, mas superiores à quantidade necessária para evitar uma deficiência manifesta (aproximadamente 10 mg/dia). Os seguintes grupos são mais susceptíveis do que outros de estarem em risco de obter quantidades insuficientes de vitamina C.

3.2.1 Fumadores e "fumadores" passivos

Os estudos mostram sistematicamente que os fumadores têm níveis de vitamina C no plasma e nos leucócitos mais baixos do que os não fumadores, devido em parte ao aumento do stress oxidativo. Por este motivo, o IOM (Institute of Medicine) concluiu que os fumadores necessitam de mais 35 mg de vitamina C por dia do que os não fumadores. A exposição ao fumo passivo também diminui os níveis de vitamina C. Embora o IOM não tenha conseguido estabelecer uma necessidade específica de vitamina C para os não fumadores que estão regularmente expostos ao fumo passivo, estes indivíduos devem garantir que cumprem a DDR (Dose Diária Recomendada) de vitamina C.

3.2.2 Indivíduos com variedade alimentar limitada

Embora as frutas e os legumes sejam as melhores fontes de vitamina C, muitos outros alimentos contêm pequenas quantidades deste nutriente. Assim, através de uma dieta variada, a maioria das pessoas deve ser capaz de satisfazer a DDR de vitamina C ou, pelo menos, obter o suficiente para prevenir o escorbuto.

As pessoas que têm uma variedade limitada de alimentos - incluindo alguns idosos, indivíduos indigentes que preparam a sua própria comida; pessoas que abusam do álcool ou das drogas; viciados em comida; pessoas com doenças mentais; e, ocasionalmente, crianças - podem não obter vitamina C suficiente.

3.2.3 Pessoas com má absorção e certas doenças crónicas

Algumas condições médicas podem reduzir a absorção de vitamina C e/ou aumentar a quantidade necessária ao organismo. As pessoas com má absorção intestinal grave ou caquexia e alguns doentes com cancro podem estar em maior risco de insuficiência de vitamina C. Podem também ocorrer baixas concentrações de vitamina C em doentes com doença renal terminal em hemodiálise crónica.

4. BENEFÍCIOS DA VITAMINA C PARA A SAÚDE

Devido à sua função como antioxidante e ao seu papel na função imunitária, a vitamina C tem sido promovida para ajudar a prevenir e/ou tratar inúmeras condições de saúde. Esta secção centra-se em quatro doenças e perturbações nas quais a vitamina C pode desempenhar um papel importante: cancro (incluindo prevenção e tratamento), doenças cardiovasculares. Além disso, elas:

4.1 . Promove a saúde da pele e a formação de colagénio

Um grande estudo que envolveu mais de 4.000 mulheres com idades compreendidas entre os 40 e os 74 anos concluiu que um maior consumo de vitamina C pode reduzir a probabilidade de um aspeto enrugado, secura da pele e pode ajudar a retardar naturalmente o envelhecimento. A vitamina C é utilizada para formar uma proteína importante utilizada para criar pele, tendões, ligamentos e vasos sanguíneos. Ajuda a curar feridas e a formar tecido cicatricial.

Existem mesmo algumas provas de que a utilização de um creme para a pele com vitamina C pode diminuir a quantidade e a duração da vermelhidão da pele após procedimentos cosméticos, como a remoção de rugas ou cicatrizes. Manter a pele saudável através de uma dieta rica em antioxidantes é uma forma importante de prevenir o cancro da pele.

4.2 Melhora a absorção de minerais

Para que o seu corpo receba os nutrientes de que necessita para funcionar corretamente, o seu sistema digestivo tem de começar por retirar esses nutrientes dos alimentos que ingere, ou dos suplementos que toma, e depois absorvê-los na sua corrente sanguínea.

Depois, as células absorvem estas vitaminas e nutrientes e ajudam o corpo a reduzir a inflamação e o desenvolvimento de doenças. Tomar vitamina C juntamente com ferro pode aumentar a quantidade de ferro que o corpo absorve em adultos e crianças.

4.3 Reduz o risco de gota

A vitamina C está associada à redução do risco de gota, que é A gota é uma doença dolorosa, do tipo artrite, que afecta principalmente o dedo grande do pé. O dedo grande do pé fica rígido, inflamado e doloroso devido ao excesso de ácido úrico que leva à formação de cristais nas articulações.

Num estudo a longo prazo com homens com mais de 40 anos, que tomaram entre 1000 e 1499 mg de vitamina C por dia, o risco de gota foi reduzido em 31%. Os participantes que tomaram mais de 1500 mg de vitamina C por dia têm quase metade do risco de sofrer de gota. Isto em comparação com os que não tomaram suplementos.

4.4 Combate os danos causados pelos radicais livres

A vitamina C é um dos muitos antioxidantes que podem proteger contra os danos causados por moléculas nocivas chamadas radicais livres, bem como por químicos tóxicos e poluentes como o fumo do tabaco. Os radicais livres podem acumular-se no organismo e contribuir para o desenvolvimento de problemas de saúde como o cancro, as doenças cardíacas e a artrite. Os radicais livres são produzidos quando o nosso corpo decompõe os alimentos ou quando estamos expostos ao fumo, ao tabaco ou à radiação.

4.5 Combate as constipações e a gripe

Há muito que se sabe que a vitamina C beneficia o seu sistema imunitário e desempenha um papel importante na capacidade do seu corpo para combater constipações e vírus. Pode tomar 1000 mg de vitamina C para combater uma constipação que se aproxima e 4000 mg por dia para se livrar de uma constipação que já está no seu sistema.

Há também boas provas de que tomar vitamina C para constipações e gripes pode reduzir o risco de desenvolver outras complicações, como pneumonia e infecções pulmonares.

4.6 Melhora o sistema imunitário stressado

Uma análise recente mostrou que a vitamina C é benéfica para os indivíduos cujo sistema imunitário está enfraquecido devido ao stress. Considerando que o stress se tornou uma condição comum na nossa sociedade, uma ingestão suficiente de vitamina C pode servir como uma ferramenta ideal para a saúde geral de uma pessoa.

4.7 Ajuda no tratamento do cancro

Uma dose elevada de vitamina C pode aumentar o efeito de combate ao cancro dos medicamentos utilizados na quimioterapia. Verificou-se também que a vitamina C tem como alvo apenas as células que necessitam destes nutrientes, ao contrário de outros medicamentos que também podem prejudicar as células normais. Os investigadores acreditam que a vitamina C pode ser um remédio contra o cancro seguro e rentável e um tratamento para o cancro do ovário e do pulmão também.

4.8 Reduz o risco de AVC

Um estudo publicado no American Journal of Clinical Nutrition concluiu que as pessoas com as concentrações mais elevadas de vitamina C no sangue apresentavam um risco de AVC 42% inferior ao das pessoas com as concentrações mais baixas. Como as pessoas que comem frutas e legumes têm níveis mais elevados de vitamina C no sangue, esforce-se por aumentar a quantidade de frutas e legumes que consome num dia.

4.9 Melhora o desempenho físico

A ingestão de mais vitamina C como parte da sua dieta pode melhorar o seu desempenho físico e a sua força muscular; isto é especialmente verdade nas pessoas mais velhas. Tomar suplementos de vitamina C pode melhorar o seu consumo de oxigénio durante o exercício e alguns estudos demonstraram que pode reduzir a sua pressão arterial.

O consumo de vitamina C antes de um exercício físico intenso, como uma maratona, pode prevenir as infecções respiratórias superiores que por vezes se seguem a este tipo de exercício. A vitamina C pode também melhorar o funcionamento dos pulmões e das vias respiratórias.

Verificou-se que doses de vitamina C de 1.000 a 2.000 mg por dia podem reduzir a produção de histaminas, que contribuem para a inflamação em pessoas asmáticas, e podem, portanto, ajudar a melhorar os sintomas da asma.

4.10 Benefícios para a saúde ocular

A vitamina C ajuda a promover a saúde dos capilares, das gengivas, dos dentes, das cartilagens e a absorção do ferro. Quase todas as células do corpo dependem dela, incluindo as do olho, onde está concentrada em todos os tecidos. A vitamina C também contribui para a saúde dos vasos sanguíneos do olho.

O nosso corpo não produz toda a vitamina C de que necessitamos. Por conseguinte, a ingestão diária de vitamina C através da dieta, de suplementos nutricionais ou de alimentos e bebidas fortificados é importante para manter uma boa saúde ocular.

4.11 A vitamina C e as cataratas

Numerosos estudos relacionaram a ingestão de vitamina C com a diminuição do risco de cataratas. Num estudo, as mulheres que tomaram vitamina C durante 10 anos ou mais registaram uma redução de 64% no risco de desenvolver cataratas nucleares. Os investigadores estimam que, ao atrasar o aparecimento de cataratas durante 10 anos, metade das cirurgias relacionadas com as cataratas poderiam ser evitadas.

Outros estudos mostraram que as mulheres que tomam um suplemento diário com uma dose de 364 mg registaram uma redução de 57% no risco de certos tipos de cataratas.

A toma de um suplemento com pelo menos 300 mg/dia de vitamina C parece ajudar a prevenir o desenvolvimento de cataratas.

4.12 A vitamina C e a degenerescência macular relacionada com a idade (DMRI)

O estudo de referência Age-Related Eye Disease Study (AREDS), patrocinado pelo National Eye Institute, estabeleceu uma relação entre a DMRI e a nutrição. O estudo demonstrou que as pessoas com elevado risco de contrair a doença que tomavam 500 mg/dia de vitamina C, juntamente com beta-caroteno, vitamina E e suplementos de zinco, atrasavam a progressão da DMRI avançada em cerca de 25% e a perda de acuidade visual em 19%. Outros estudos confirmaram estes resultados.

5. RISCOS PARA A SAÚDE DECORRENTES DO EXCESSO DE VITAMINA C

A vitamina C tem baixa toxicidade e não se acredita que cause efeitos adversos graves em doses elevadas. As queixas mais comuns são diarreia, náuseas, cólicas abdominais e outras perturbações gastrointestinais devido ao efeito osmótico da vitamina C não absorvida no trato gastrointestinal.

Outros efeitos relatados de consumos elevados de vitamina C incluem níveis reduzidos de vitamina B12 e cobre, metabolismo acelerado ou excreção de ácido ascórbico, erosão do esmalte dentário e reacções alérgicas. No entanto, pelo menos algumas destas conclusões foram consequência de um artefacto de ensaio, e estudos adicionais não confirmaram estas observações.

A FNB estabeleceu ULs para a vitamina C que se aplicam tanto à ingestão de alimentos como de suplementos (Tabela 3). A ingestão de vitamina C a longo prazo acima do UL pode aumentar o risco de efeitos adversos para a saúde. Os ULs não se aplicam a indivíduos que estejam a receber vitamina C para tratamento médico, mas esses indivíduos devem estar sob os cuidados de um médico.

Quadro 3: Níveis superiores toleráveis de ingestão (UL) de vitamina C			
IDADE	**MACHO**	**FEMININO**	**GRAVIDEZ**
1-3 anos	400 mg	400 mg	
4-8 anos	650 mg	650 mg	
9-13 anos	1200 mg	1200 mg	

14-18 anos	1800 mg	1800 mg	2000 mg
Mais de 19 anos	2000 mg	2000 mg	2000 mg

5.1 Vitamina C e dietas saudáveis

As Diretrizes Dietéticas para os Americanos 2015-2020 do governo federal referem que "As necessidades nutricionais devem ser satisfeitas principalmente através dos alimentos. Os alimentos em formas densas em nutrientes contêm vitaminas e minerais essenciais, fibras alimentares e outras substâncias naturais que podem ter efeitos positivos para a saúde. Em alguns casos, os alimentos fortificados e os suplementos alimentares podem ser úteis para fornecer um ou mais nutrientes que, de outra forma, podem ser consumidos em quantidades inferiores às recomendadas".

As Diretrizes Dietéticas para os Americanos descrevem um padrão alimentar saudável como aquele que:

- Inclui uma variedade de vegetais, frutas, cereais integrais, leite e produtos lácteos sem gordura ou com baixo teor de gordura e óleos.

- As frutas, em particular os citrinos, os sumos de fruta e muitos vegetais são excelentes fontes de vitamina C. Alguns cereais de pequeno-almoço prontos a consumir são enriquecidos com vitamina C.

- Inclui uma variedade de alimentos proteicos, incluindo marisco, carnes magras e aves, ovos, leguminosas (feijões e ervilhas), frutos secos, sementes e produtos de soja.

- Limita as gorduras saturadas e trans, os açúcares adicionados e o sódio.

- Mantém-se dentro das suas necessidades calóricas diárias.

5.2 A vitamina C e a importância dos antioxidantes

Sabe-se agora que os danos oxidativos e as alterações inflamatórias daí resultantes estão na origem das doenças crónicas mais comuns nos seres humanos, como as doenças cardiovasculares e o cancro. Embora durante muitos anos se tenha pensado que a isquemia dos tecidos (falta de sangue rico em oxigénio) causava os danos causados por situações agudas como o enfarte do miocárdio (ataque cardíaco) e o acidente vascular cerebral (AVC), hoje em dia reconhece-se que é o súbito restabelecimento do oxigénio vital e a consequente produção de espécies reactivas de oxigénio que causam grandes estragos nos tecidos sobreviventes. A chamada lesão de isquemia/reperfusão é também agora reconhecida como um fator crítico na lesão cerebral após hemorragia e traumatismo craniano.

As espécies reactivas de oxigénio também são prejudiciais de outras formas - contribuem para os danos no ADN, que são o primeiro passo na conversão de células saudáveis em cancros malignos, e prejudicam muitos dos controlos e equilíbrios inerentes ao nosso sistema imunitário, tornando-nos potencialmente vulneráveis a infecções mortais e às suas consequências. Por último, as opções de vida saudáveis, como o exercício físico, e as actividades não saudáveis, como o tabagismo e o consumo excessivo de álcool, produzem espécies reactivas de oxigénio que devem ser controladas para evitar lesões nos tecidos. Os cientistas que estudam estas condições estão a desenvolver rapidamente uma forte apreciação do poderoso potencial da vitamina C como suplemento preventivo e frequentemente terapêutico.

5.3 Perfis lipídicos, tensão arterial e índice de massa corporal

A maioria das pessoas aprendeu a prestar atenção à quantidade e aos tipos de gorduras e colesterol no sangue (perfis lipídicos), à tensão arterial e ao índice de massa corporal (IMC), a medida mais significativa da relação entre o peso e a saúde. Este grupo de parâmetros não só influencia a função endotelial como é fundamental para a formação da placa aterosclerótica, ajudando a preparar o terreno para a aterosclerose.

Os dados dos últimos anos revelam que a vitamina C desempenha um papel importante na prevenção desse cenário.

Em 2000, investigadores britânicos relataram um estudo de seis meses, em dupla ocultação, de vitamina C 500 mg/dia versus placebo em 40 homens e mulheres, com idades compreendidas entre os 60 e os 80 anos. O estudo foi um projeto "crossover" em que os sujeitos tomaram os comprimidos designados durante três meses, pararam durante uma semana e depois inverteram as suas designações durante outros três meses; este é um projeto de estudo particularmente forte porque ajuda a eliminar as diferenças individuais. Os resultados foram impressionantes - a pressão arterial sistólica baixou em média 2 mm Hg, sendo a maior descida registada nos indivíduos que tinham as pressões iniciais mais elevadas. As mulheres que participaram no estudo registaram igualmente um aumento modesto dos seus níveis benéficos de lipoproteínas de alta densidade (HDL). Os autores concluíram que estes efeitos podem "contribuir para a associação relatada entre uma maior ingestão de vitamina C e um menor risco de doença cardiovascular e acidente vascular cerebral".

Investigadores da Carolina do Sul realizaram um estudo em 2002 com 31 pacientes com uma idade média de 62 anos, que foram aleatoriamente designados para tomar 500, 1000 ou 2000 mg de vitamina C por dia durante oito meses.10 Este grupo de investigação encontrou de facto uma descida na pressão arterial sistólica (4,5 mm Hg) e diastólica (2,8 mm Hg) ao longo da toma do suplemento, embora não tenha havido qualquer alteração nos níveis de lípidos no sangue. Curiosamente, este estudo não encontrou diferenças entre os grupos que tomaram as várias doses, embora o número de sujeitos fosse pequeno, e um estudo maior poderia ter demonstrado diferenças importantes relacionadas com a dose.

O índice de massa corporal (IMC) e o perímetro da cintura estão bem correlacionados com o risco de doenças cardiovasculares e diabetes.11 Um estudo de referência de 2007, realizado por nutricionistas da Universidade do Arizona, explorou as relações entre os níveis de vitamina C, o índice de massa corporal e o perímetro da cintura.12 Em 118 adultos sedentários e não fumadores, 54% dos quais estavam classificados como obesos e 24% com excesso de peso segundo as normas do IMC, os níveis mais baixos de vitamina C estavam significativamente correlacionados com um IMC, uma percentagem de gordura corporal e um perímetro da cintura mais elevados. As mulheres com níveis mais elevados de vitamina C apresentavam também níveis mais elevados da hormona supressora de gorduras, a adiponectina. Este estudo notável demonstrou uma relação vital entre os níveis de vitamina C e os factores de risco de doenças cardiovasculares relacionados com a obesidade.

Figura 1 Perfis lipídicos, tensão arterial e índice de massa corporal

5.4 Relação com outros nutrientes

A vitamina C pode aumentar a absorção de ferro (especialmente o ferro encontrado nos alimentos vegetais) e pode ajudar a diminuir o risco de deficiência de ferro na dieta. Por esta razão, por vezes, recomendamos a adição de um alimento rico em vitamina C às refeições e receitas.

Os antioxidantes presentes nos alimentos tendem a trabalhar em conjunto, de forma importante e sinérgica, para fornecer proteção contra os danos causados pelos radicais livres. A mais conhecida destas ligações é a que existe entre a vitamina E e a vitamina C. Especificamente, a vitamina C ajuda a proteger a vitamina E em pessoas, como os fumadores, que têm uma sobreprodução crónica de radicais livres.

Da mesma forma, vemos que a classe dos flavonóides dos antioxidantes à base de plantas ajuda a tornar a proteção contra os radicais livres da vitamina C muito mais forte. Esta é uma óptima notícia, uma vez que os alimentos mais ricos em flavonóides também tendem a estar entre as nossas melhores fontes de vitamina C. Esta proteção sinérgica é apenas uma das muitas explicações potenciais para o facto de os benefícios para a saúde das dietas à base de plantas não poderem ser replicados por suplementos de nutrientes.

Um excelente exemplo de vitamina C e flavonóides num alimento integral e natural são as laranjas frescas. Neste fruto, a maior parte da vitamina C encontra-se nas porções aquosas de cor laranja, enquanto muitos dos flavonóides se encontram nos revestimentos de cor branca e nos separadores de secções. (Esta distribuição da vitamina C e dos flavonóides nas laranjas é uma das razões pelas quais pode ser útil consumir a "polpa" juntamente com o sumo, se decidir consumir uma versão de sumo processado deste alimento).

6. MÉTODO DE CONTROLO DA VITAMINA C

A importância da vitamina C para a nossa saúde leva-nos a explorar os métodos de deteção da vitamina C nos alimentos. Uma forma de determinar a quantidade de vitamina C nos alimentos é através da titulação redox utilizando iodo. À medida que o iodo é adicionado durante a titulação, o ácido ascórbico é oxidado a ácido dehidroascórbico, enquanto o iodo é reduzido a iões iodeto.

$$\textbf{Ascorbic acid} + I_2 \longrightarrow 2\,I^- + \textbf{dehydroascorbic acid}$$

Como é demonstrado no exemplo abaixo:

$$C_6H_8O_6 + I_3^- + H_2O \rightarrow C_6H_6O_6 + 3I^- + 2H^+$$

Se a vitamina C estiver presente na solução, o triiodeto é convertido em ião iodeto muito rapidamente. No entanto, quando toda a vitamina C é oxidada, estarão presentes o iodo e o triiodeto, que reagem com o amido para formar um complexo azul-preto. A cor azul-preta é o ponto final da titulação.

Este procedimento de titulação é adequado para testar a quantidade de vitamina C em comprimidos de vitamina C, sumos e frutas e vegetais frescos, congelados ou embalados. A titulação pode ser efectuada utilizando apenas solução de iodo e não de iodato, mas a solução de iodato é mais estável e dá um resultado mais preciso.

O objetivo deste exercício laboratorial é determinar a quantidade de vitamina C em amostras, como sumos de fruta.

6.1 Procedimento experimental

Para obter resultados corretos deste procedimento experimental, é necessário preparar as soluções com muita precisão. As principais soluções para esta experiência são:

6.1.1 SOLUÇÃO INDICADORA DE AMIDO (0,5%)

Para preparar o indicador de amido, é necessário pesar 0,50 g de amido solúvel e adicioná-lo a 50 mL de água quase a ferver num erlenmeyer de 100 mL. Agita-se para dissolver e utiliza-se arrefecido.

6.1.2 SOLUÇÃO DE IODO

Para a solução de iodo, pesamos 5 g de iodeto de potássio e 0,268 g de iodato de potássio em 200 mL de água destilada. De seguida, adicionamos 30 ml de água sulfúrica 3M. Por fim, transferimos a solução de iodo para um balão volumétrico de 500 ml, certificando-nos de que enxaguamos todos os vestígios de solução no balão volumétrico com água destilada.

6.1.3 SOLUÇÃO-PADRÃO DE VITAMINA C

Dissolver 0,250 g de vitamina C (ácido ascórbico) em 100 ml de água destilada. Diluir para 250 ml com água destilada num balão volumétrico. Rotular o balão como solução-padrão de vitamina C.

Para além das soluções adequadas, é importante fazer a padronização correta das soluções. Para a padronização da solução, precisamos de adicionar 25,00 ml de solução padrão de vitamina C a um Erlenmeyer de 125 ml. De seguida, adicionamos gotas de solução de amido a 1%. Finalmente, anotamos a quantidade de solução de iodato utilizada para a titulação.

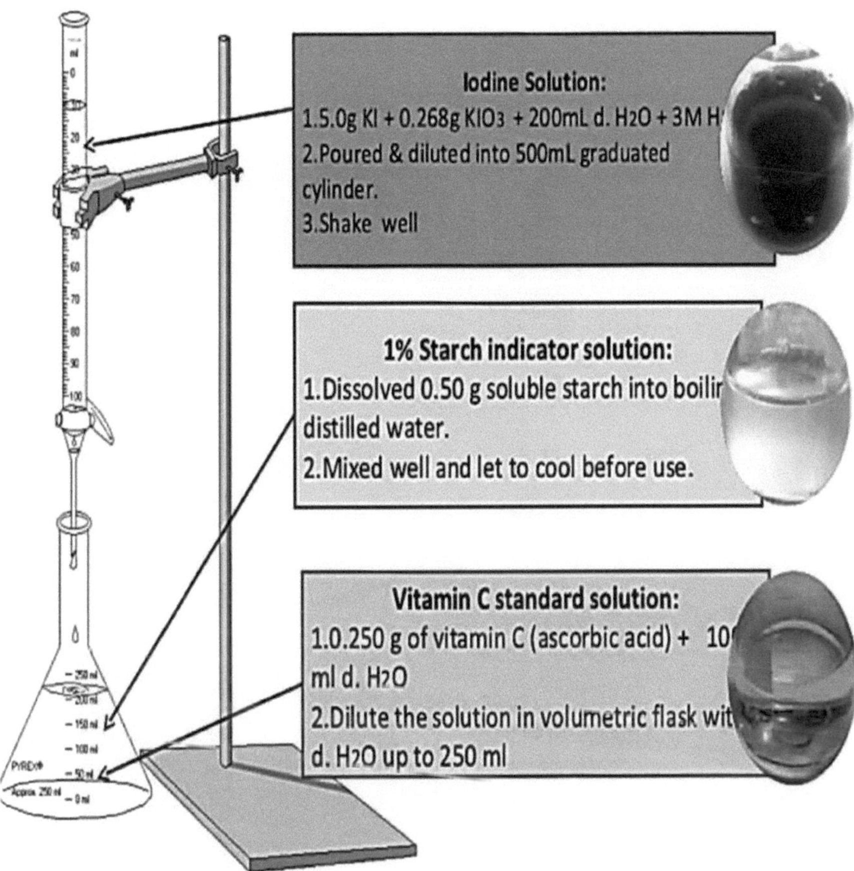

Figura 2 Soluções-chave para a determinação da vitamina C

*Estes dados foram obtidos a partir da titulação da solução padrão de vitamina C:

1. da primeira titulação gastamos **24ml de** solução de iodato
2. da segunda titulação gastamos **22ml de** solução de iodato
3. do terceiro gastamos **20ml de** solução de iodato

Agora calculamos o valor médio da solução de iodato:

$V = \frac{24ml+22ml+20ml}{3} = \mathbf{22ml}$ foi utilizada uma solução de iodo para titular a solução padrão de vitamina C

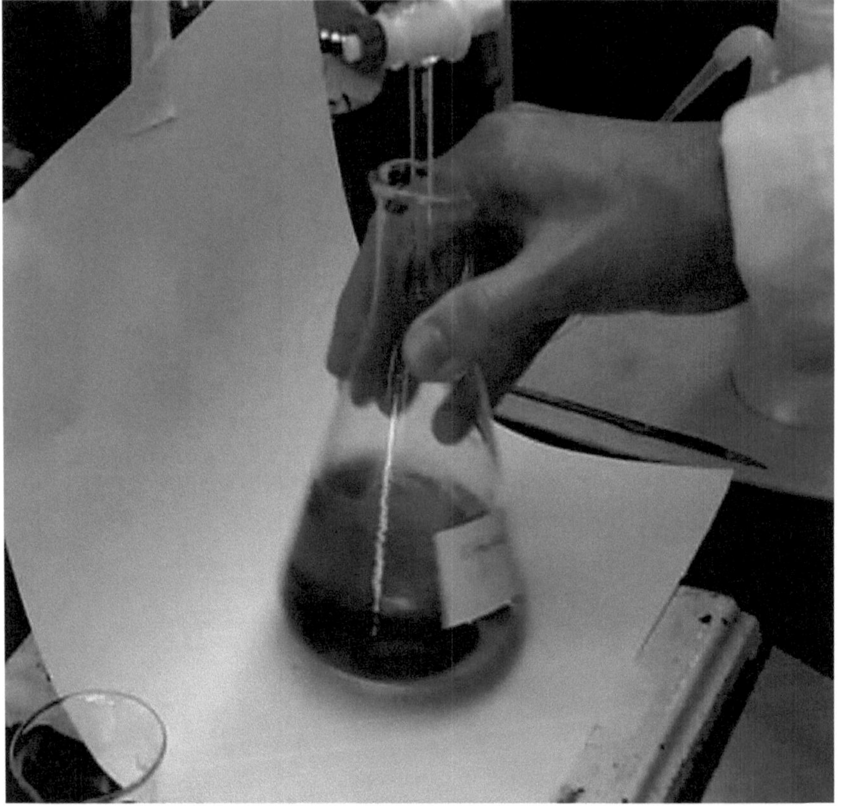

Figura 3 Método de titulação com solução de iodo

6.2 Titulação das amostras de sumo

1. Colocamos 25,00 ml de amostra de sumo num Erlenmeyer de 125 ml.

2. Titulámos até atingirmos o ponto final. (Adicionando solução de iodo até obter uma cor que persista por mais de 20 segundos).

3. Repetimos 3 vezes a mesma titulação.

6.2.1 Titulação de frutos verdadeiros

1. Adicionámos 10,00 ml de Limão Real a um Erlenmeyer de 125 ml.

2. Para esta titulação, utilizámos três medições.

6.2.2 TITULAÇÃO DE AMOSTRAS DE SUMO:

Do sumo, temos amostras de dois produtores locais:

1. Fructal multivitamínico 200ml

2. Bravo laranja 500 ml

6.2.3 TITULAÇÃO DE AMOSTRAS REAIS DE FRUTOS:

Dos sumos de fruta fresca colhemos amostras de dois tipos:

1. Sumo de limão

2. Sumo de laranja

6.3 Como calculámos a vitamina C

1. Calculámos os ml de titulante utilizados para cada balão. Efetuar as medições obtidas e calcular a média.

volume médio = volume total / número de ensaios

2. Depois determinamos a quantidade de titulante necessária para o seu padrão. Exemplo com 6 ml de solução de iodo na titulação:

$$\frac{22ml\ iodine\ solution}{0.250\ g\ of\ Vitamin\ C} = \frac{6.00\ ml\ iodine\ solution}{X\ ml\ of\ Vitamin\ C}$$

$$22X = 1.5$$

X = 0,*068 g de vitamina C nessa amostra*

3. Além disso, temos de ter finalmente em mente o cálculo do volume da nossa amostra, para podermos efetuar outros cálculos, tais como gramas por litro. Para uma amostra de sumo de 25 ml, por exemplo:

$$\frac{\mathbf{0.068}g}{\mathbf{25}\,ml} = \frac{\mathbf{0.068}g}{\mathbf{0.025}L} = \mathbf{2.72}\ g/L\ \ of\ Viramin\ C\ in\ that\ sample$$

7. RESULTADOS

7.1 Processamento de dados:

A partir de uma titulação padrão de vitamina C são obtidos estes dados:

1. Desde a primeira titulação que gastámos:

I. 3,3 ml de solução de iodo

II. 3,4 ml de solução de iodo

III. 3,5 ml de solução de iodo

2. A partir da segunda titulação gastámos:

I. 3,1 ml de solução de iodo

II. 2,9 ml de solução de iodo

III. 3,3 ml de solução de iodo

3. A partir da terceira titulação, gastámos:

I. 5,0 ml de solução de iodo

II. 5,1 ml de solução de iodo

III. 5,5 ml de solução de iodo

4. A partir da quarta titulação, gastámos:

I. 4,3 ml de solução de iodo

II. 4,7 ml de solução de iodo

III. 4,8 ml de solução de iodo

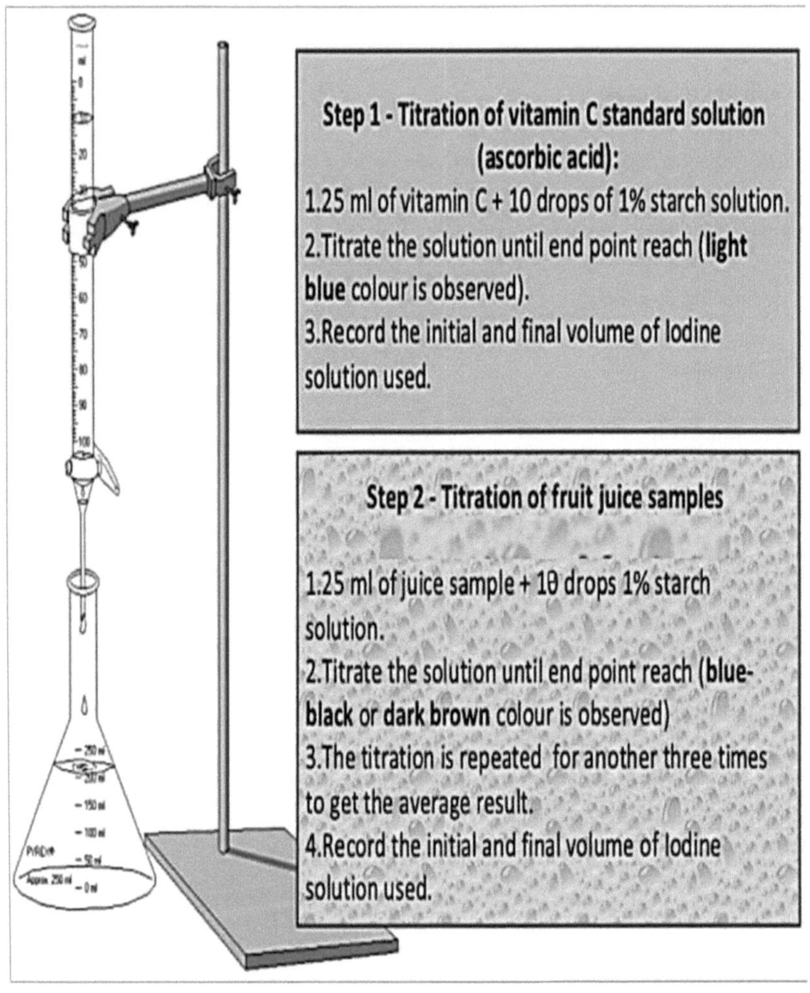

Figura 4 Método de trabalho (Método de titulação)

7.2 CÁLCULOS DE TITULAÇÃO

7.2.1 PARA A PRIMEIRA TITULAÇÃO (MULTIVITAMÍNICO FRUTADO)

$$\frac{22ml\ iodine\ solution}{0.250g\ Vitamin\ C} = \frac{3.4ml\ iodine\ solution}{X\ ml\ Vitamin\ C}$$

$$22X = 0.85$$

$$X = 0.038g\ Vitamin\ C\ in\ that\ sample$$

FRUCTAL MULTIVITAMIN

Before
(Multi Vit. juice)

Process of
changing colour

After
(Dark-brown)

$$\frac{\mathbf{0.038g}}{\mathbf{25\ ml}} = \frac{\mathbf{0.038g}}{\mathbf{0.025L}} = \mathbf{1.5\ g/L\ of\ Viramin\ C\ in\ that\ sample}$$

Figura 5 Processo de mudança de cor - Fructal Multivitamin

7.2.2 PARA A SEGUNDA TITULAÇÃO (LARANJA BRAVO)

$$\frac{22ml\ iodine\ solution}{0.250g\ Vitamin\ C} = \frac{3.1ml\ iodine\ solution}{X\ ml\ Vitamin\ C}$$

$$22X = 0.77$$

$$X = 0.035g\ Vitamin\ C\ in\ that\ sample$$

$$\frac{\mathbf{0.035}g}{\mathbf{25}\ ml} = \frac{\mathbf{0.035}g}{\mathbf{0.025}L} = \mathbf{1.4}\ g/L\ of\ Viramin\ C\ in\ that\ sample$$

Figura 6 Processo de mudança de cor - Bravo Orange

7.2.3 PARA A TERCEIRA TITULAÇÃO (SUMO DE LIMÃO)

$$\frac{22ml\ iodine\ solution}{0.250g\ Vitamin\ C} = \frac{5.2\ ml\ iodine\ solution}{X\ ml\ Vitamin\ C}$$

$$22X = 1.3$$

$$X = 0.059g\ Vitamin\ C\ in\ that\ sample$$

$$\frac{\mathbf{0.059}g}{\mathbf{10}\ ml} = \frac{\mathbf{0.059}g}{\mathbf{0.010}L} = \mathbf{5.9}\ g/L\ of\ Viramin\ C\ in\ that\ sample$$

LEMON JUICE

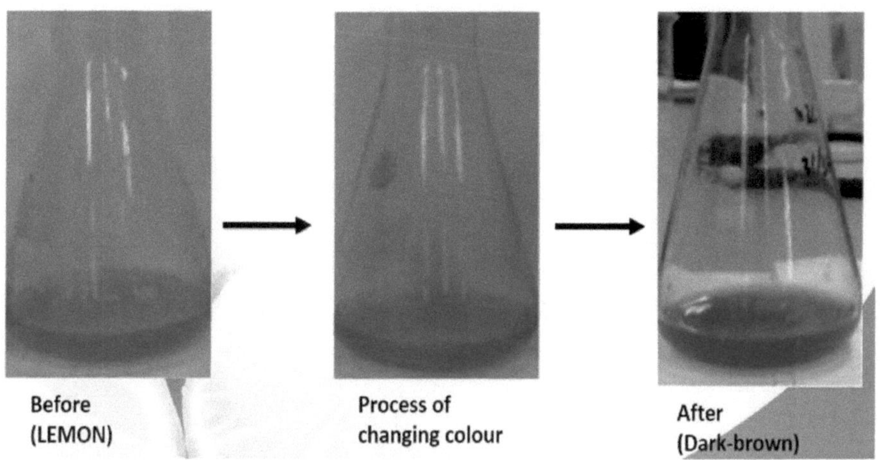

Figura 7 Processo de mudança de cor - Sumo de limão

7.2.4 PARA A QUARTA TITULAÇÃO (SUMO DE LARANJA)

$$\frac{22ml\ iodine\ solution}{0.250g\ Vitamin\ C} = \frac{4.6\ ml\ iodine\ solution}{X\ ml\ Vitamin\ C}$$

$$22X = 1.15$$

$$X = 0.052g\ Vitamin\ C\ in\ that\ sample$$

$$\mathbf{\frac{0.052g}{10\ ml} = \frac{0.052g}{0.010L} = 5.2\ g/L\ of\ Viramin\ C\ in\ that\ sample}$$

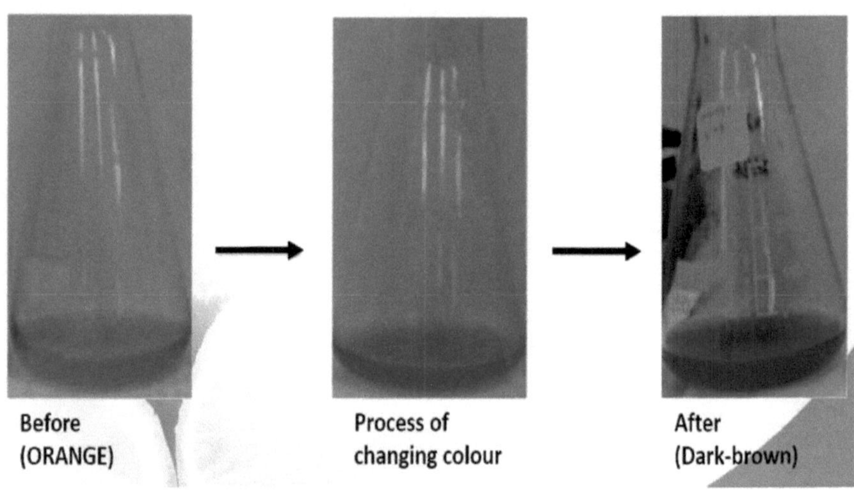

Figura 8 Processo de mudança de cor - Sumo de laranja

8. DISCUSSÃO

Para obter resultados para a quantidade de vitamina C nos alimentos, poderíamos utilizar também o método desenvolvido que nos provou a sua precisão na determinação da vitamina C no sumo de fruta. Embora outros métodos volumétricos sejam mais sensíveis do que os métodos desenvolvidos para a determinação do ácido ascórbico, os métodos volumétricos podem ser utilizados com resultados muito bons para analisar o ácido ascórbico no sumo de fruta. O método volumétrico clássico para determinar as concentrações de ácido ascórbico no sumo de fruta determinado está em boa concordância com os dados relatados na literatura relativamente ao teor de ácido ascórbico em citrinos. Os valores relatados para o limão são de 5,9 g/L de sumo de fruta, para o sumo multivitamínico o resultado foi de 1,5g/L, no sumo de bravo o resultado foi de 1,4g/L. Outros resultados foram um teor de 5,2 g/L no sumo de laranja fresco. Com este resultado quisemos provar que com o método volumétrico podemos fazer análises com sucesso na indústria alimentar, para avaliar o teor de vitamina C em sumos de fruta naturais e refrigerantes. Este método é fácil de implementar e permite que as empresas tenham um controlo interno da vitamina C em refrigerantes, no nosso caso. Os resultados provam porque é que, recentemente, esta técnica tem sido cada vez mais preferida aos métodos anteriormente aplicados, uma vez que se caracteriza pela exatidão, rapidez, boa especificidade e sensibilidade, e pela simplicidade do equipamento e do procedimento necessários.

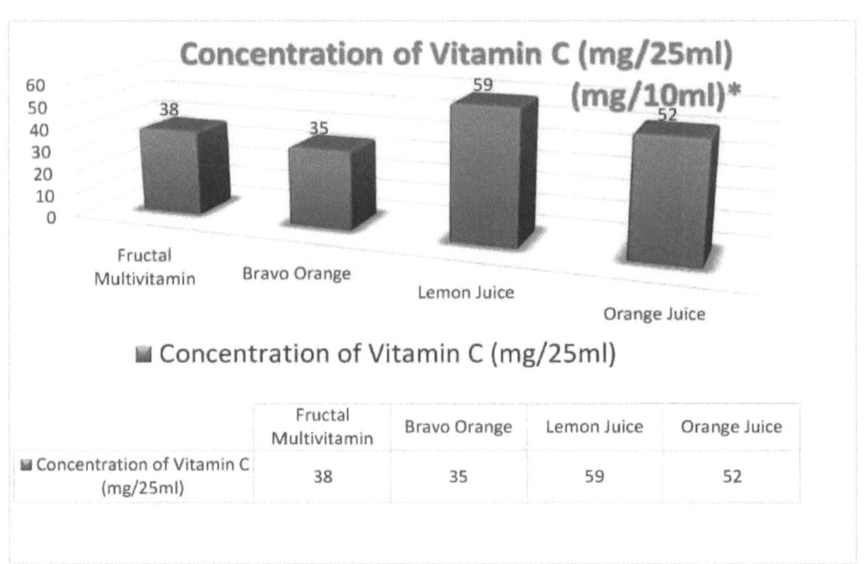

	Fructal Multivitamin	Bravo Orange	Lemon Juice	Orange Juice
Concentration of Vitamin C (mg/25ml)	38	35	59	52

Este gráfico mostra a concentração de vitamina C em **10 ml (sumo de fruta fresco)** e **25 ml de sumo**. Podemos ver que o sumo de limão é mais concentrado com **59mg/10ml** do que as outras amostras de sumo. Em segundo lugar está o sumo de laranja com **52mg/10ml**, seguido do Fructal Multivitamin com **38mg/25ml** e por último o Bravo Orange com **35mg/25ml.**

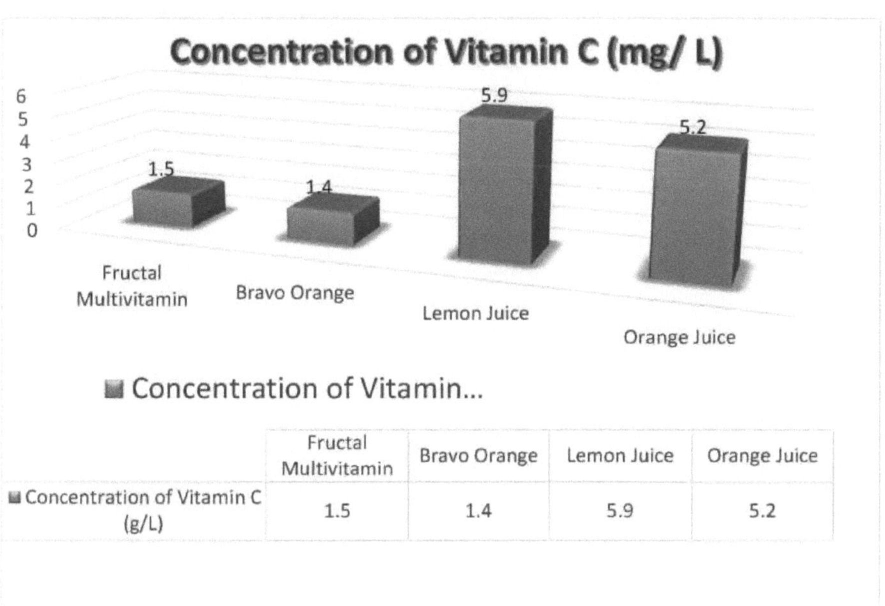

	Fructal Multivitamin	Bravo Orange	Lemon Juice	Orange Juice
Concentration of Vitamin C (g/L)	1.5	1.4	5.9	5.2

Este gráfico mostra a concentração de vitamina C num litro de sumo. Podemos ver que a disposição da concentração é a mesma que a do primeiro gráfico. O sumo de limão é mais concentrado, com **5,9 mg/L**, do que as outras amostras de sumo. Em segundo lugar está o sumo de laranja com **5,2 mg/L**, seguido do Fructal Multivitaminado com **1,5/L** e, por último, o Bravo Orange com **1,4/L.**

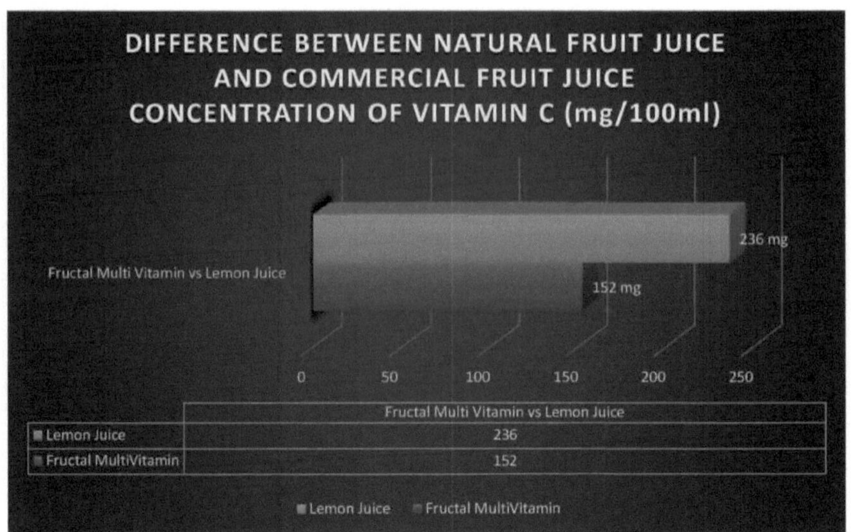

A partir deste gráfico, podemos ver que o sumo de fruta natural - Sumo de limão **236mg/100ml** tem uma maior concentração de vitamina C do que o comercial - Fructal Multivitamin **152mg/100ml.** Isso significa que o sumo de fruta natural tem maior teor de vitamina C do que o sumo de fruta comercial.

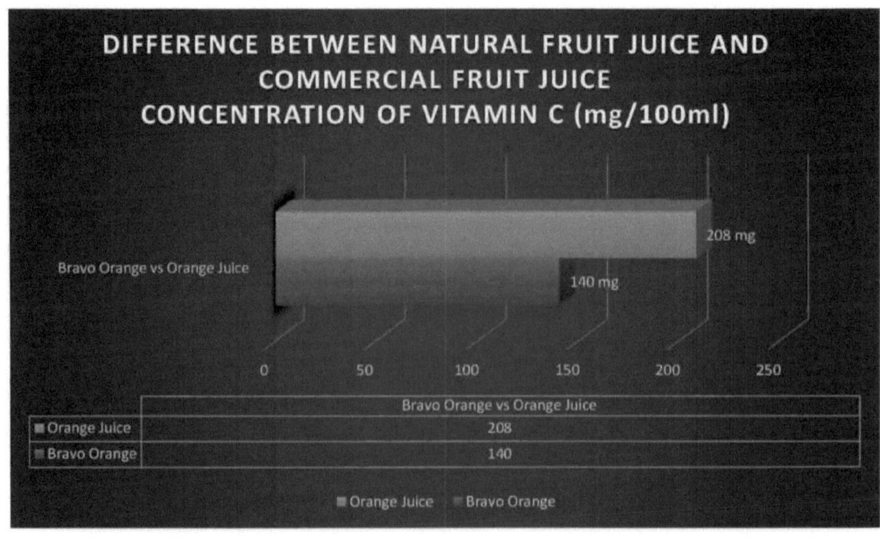

Este gráfico é o mesmo que o anterior. Apresenta a diferença entre a concentração de Vitamina C dos sumos de fruta naturais e dos sumos de fruta comerciais. Podemos ver que o sumo natural de laranja é mais concentrado com **208mg/100ml** do que o sumo de laranja Bravo com **140mg/100ml**. Isto mostra que, mesmo neste caso, os sumos de fruta naturais são mais enriquecidos com Vitamina C do que os sumos de fruta comerciais.

9. CONCLUSÃO

Sabendo da importância do teor diário de vitamina C no nosso organismo, decidimos analisar dois tipos de produtos que consumimos todos os dias. Analisámos os citrinos frescos e os refrigerantes. Em última análise, a vitamina C é indiscutivelmente uma das vitaminas mais importantes para os benefícios da saúde e da vida. As suas várias funções provam que é uma substância versátil que actua para apoiar muitos aspectos do corpo. Com o nosso estudo, quisemos comparar o teor real de vitamina C nos refrigerantes e o rótulo do produto. Assim, com o sumo fresco analisado, quisemos conhecer o teor real de vitamina C nas frutas frescas das nossas lojas. Além disso, a partir da nossa observação da informação nutricional dos sumos de fruta na parte de trás da caixa, a nossa conclusão também foi reforçada. Vimos que todos os teores de vitamina C no sumo de fruta eram iguais aos que estavam escritos atrás da caixa.

O sumo de fruta natural tem um teor mais elevado de vitamina C do que o sumo de fruta comercial. Isto mostra que é muito mais saudável beber sumo acabado de espremer do que o engarrafado. Também mostra que o sumo engarrafado não coloca a quantidade exacta de vitamina C incluída na garrafa. Infelizmente, o sumo engarrafado é muito mais barato e, por isso, mais comprado. O teor de vitamina C não é afetado pelo tipo de sumo de fruta se o sumo de fruta for da mesma marca

9.1 APRECIAÇÃO

Gostaríamos de expressar a nossa sincera gratidão, especialmente a:

1. O orientador dos nossos queridos professores, por nos ter dado muitas orientações e conselhos. Para além disso, não esqueceremos a ajuda que nos deu na resolução dos problemas com que nos deparámos ao longo da investigação.

2. Ao **laboratório de Tecnologia Alimentar e Nutrição da Universidade de Tetovo**, por nos ter facilitado o acesso à Internet para obtermos a informação que procurávamos e também pela utilização de equipamento e outros. Para além disso, gostaríamos também de agradecer à **biblioteca da Universidade de Tetovo** por nos ter disponibilizado um vasto leque de materiais de leitura.

3. Todos os intervenientes que também foram bem sucedidos nesta investigação.

10. REFERÊNCIAS

1. Kirby, C. J. - Whittle, C. J. - Rigby, N. - Coxon, D. T. - Law, B. A.: Estabilização do ácido ascórbico por microencapsulação em lipossomas. International Journal of Food Science and Technology, 26, 1991

2. Food fortification: technology and quality control.Report of an FAO technical meeting held in Rome, 20-23 November 1995 [online]. Documento da FAO sobre Alimentação e Nutrição - 60. Roma: FAO,1996[cit.2006-03-20]. www.fao.org/docrep/W2840E/ W2840E00.htm.

3. A química dos seus componentes, 2009 Tom Kaltejt pg.332-338

4. Esteve, M. J. - Frigola, A. - Martorell, L. - Rodrigo, C.: Cinética do ácido ascórbico de espargos verdes aquecidos num termorresistómetro de alta temperatura. Zeitschrift fur Lebensmittel Unterschung Forschung, A 208, 1999, pp. 144-147.

5. Instituto de Medicina. Comité de Alimentação e Nutrição. Dietary Reference Intakes for Vitamin C, Selenium, and Carotenoids (Doses de Referência Dietética de Vitamina C, Selénio e Carotenóides). Washington, DC: National Academy Press, 2000.

6. Jacob RA, Sotoudeh G. Vitamin C function and status in chronic disease (Função e estado da vitamina C na doença crónica). Nutr Clin Care 2002; 5:66-74. [PubMed abstract].

7. Francescone MA, Levitt J. Escorbuto disfarçado de vasculite leucocitoclástica: relato de um caso e revisão da literatura. Cutis 2005; 76:261-6. [PubMed abstract].

8. Stephen R, Utecht T. Scurvy identified in the emergency department: a case report. J

Emerg Med 2001; 21:235-7. [PubMed abstract].

9. Moshfegh A, Goldman J, Cleveland L. What We Eat in America, NHANES 2001-2002: Usual Nutrient Intakes from Food Compared to Dietary Reference Intakes. Washington, DC: Departamento de Agricultura dos EUA, Serviço de Investigação Agrícola, 2005.

10. Bates CJ. Bioavailability of vitamin C. Eur J Clin Nutr 1997;51 (Suppl 1): S28- 33.

10 . Radimer K, Bindewald B, Hughes J, Ervin B, Swanson C, Picciano MF. Dietary supplment use by US adults: data from the National Health and Nutrition Examination Survey, 1999-2000. Am J Epidemiol 2004; 160:339-49

11 Picciano MF, Dwyer JT, Radimer KL, Wilson DH, Fisher KD, Thomas PR, et al. Utilização de suplementos alimentares entre bebés, crianças e adolescentes nos Estados Unidos, 1999-2002. Arch Pediatr Adolesc Med 2007; 161:978 85

12 Departamento de Agricultura dos EUA, Serviço de Investigação Agrícola, 2011. Base de dados nacional de nutrientes do USDA para referência padrão, versão 24. Página inicial do Laboratório de Dados sobre Nutrientes, http://www. ars.usda. gov/ba/bhnrc/ndl

13 Weinstein M, Babyn P, Zlotkin S. An orange a day keeps the doctor away: scurvy in the year 2000. Pediatria 2001;108: E55.

14 . Hoffman FA. Necessidades de micronutrientes dos doentes com cancro. Cancer. 1985;55 (1 Suppl):295-300.

15 Deicher R, Horl WH. Vitamina C na doença renal crónica e em doentes em hemodiálise. Kidney Blood Press Res 2003; 26:100-6.

16 .https://draxe.com/vitamin-c-foods/

18.http://www.lifeextension.com/magazine/2008/4/newly-discovered-benefits-of- vitamin-c/page-01

19.https://www.aoa.org/patients-and-public/caring-for-your-vision/diet-and-nutrição/vitamina-c

20.https://www.ncbi.nlm.nih.gov/pubmed/10796569

21. http://www.nature.eom/ejcn/j ournal/v60/n1/full/1602261a.html?foxtrotcallbac k=true

22.https://nei.nih.gov/health/http://www.stylecraze.com/articles/top-vitamin-c- rich-foods/#Factos e mitos sobre a vitamina C

Printed by Books on Demand GmbH, Norderstedt / Germany